一步巴黎

[法]波利娜·普里韦兹◎著

王一铭◎译

1个月
找到自己的风格

青岛出版社

QINGDAO PUBLISHING HOUSE

图书在版编目（CIP）数据

1个月找到自己的风格 / (法) 波利娜·普里韦兹著；
王一铭译.—青岛：青岛出版社，2020.7
（一步巴黎）
ISBN 978-7-5552-9198-5

Ⅰ.①1… Ⅱ.①波…②王… Ⅲ.①女性—生活—化
妆—通俗读物②女性—服饰美学—通俗读物 Ⅳ.
①TS974.12-49②TS976.4-49

中国版本图书馆CIP数据核字(2020)第082703号

1 mois pour trouver son style © Hachette–Livre (Hachette Pratique), 2019.
Author of the text :Pauline Privez

山东省版权局版权登记号 图字：15-2020-80

| 书　　名 | 1 个 月 找 到 自 己 的 风 格 （ 一 步 巴 黎 ） |
| | 1 GE YUE ZHAODAO ZIJI DE FENGGE（YIBU BALI） |

著　　者	［法］波利娜·普里韦兹
译　　者	王一铭
出版发行	青岛出版社
社　　址	青岛市海尔路182号（266061）
本社网址	http://www.qdpub.com
邮购电话	13335059110　0532-85814750（传真）　0532-68068026
策　　划	刘海波　周鸿媛
责任编辑	王　韵
特约编辑	孔晓南
封面设计	1204设计工作室（北京）文俊
排　　版	青岛乐道视觉创意设计有限公司
印　　刷	青岛双星华信印刷有限公司
出版日期	2020年7月第1版　2020年7月第1次印刷
开　　本	16开（710毫米×1000毫米）
印　　张	6
字　　数	100千
印　　数	1-8000
书　　号	ISBN 978-7-5552-9198-5
定　　价	45.00元

编校印装质量、盗版监督服务电话　4006532017　0532-68068638
本书建议陈列类别：时尚生活类

序言

我热爱时尚。时装、缝纫、珠宝、首饰的世界总是让我着迷。

这种热爱始于儿时。还记得那时我正在格兰维尔过暑假。在一个阴雨连绵的午后，我来到了克里斯汀·迪奥博物馆，那里的一切简直如梦一般美好。我记得，当时我很想一直留在那里，欣赏精致的刺绣、美丽的布料、服饰的光泽及色彩。那些裙子甚至比我想象中的童话故事里公主的裙子更漂亮。

但是，直到十年前，我才意识到，服饰是一种真正的自我表达方式。为了有更直观的感受，可以想象一下这样一个场景：我24岁了，马上就要毕业了，准备开始实习，工作地点是监狱！无论我从网上买了多少件衣服，或者逛了多少家旧货商店，整整一周的时间，我都得不情愿地穿着宽大的裤子和黑色的高领衫，而且不能化妆。你总不能穿着小裙子、高跟鞋，涂上唇膏，跟犯人待上一整天吧？我可不是吓唬你，如果你还想要清静，我劝你别这样做。

这次实习导致了两个结果，这两个结果将我彻底变成了时尚爱好者：

第一，我意识到了什么是"人靠衣装马靠鞍"！很多人跟别人打交道时都注重观察对方的外表，我们可以利用这一点。我以前总是想把自己打扮得更年轻，以后打算这样做：白天穿适合年轻人的职业套装，晚上则穿上带亮片的裙子和细跟的高跟鞋参加派对。

第二，我想建立自己的博客，来分享"我的风格"。这种风格我在日常生活中可能很少展示出来，但即便只展示了一点点，也可以让我的冲动消费变得有意义，而且我新买的东西都比我衣橱里的更吸睛！

这就是我开始在网上分享我的穿衣风格的契机。

当时，时尚博客并不多见。对我来说，一开始，我并没有把写博客当作工作，而是把它当作爱好，我对这件事充满激情。然而，五年之后，我扔掉了公务员的"铁饭碗"，开始全身心地做这件事，与更多人分享自己对服装的热爱。

在我的博客快满十岁时，有人找到我，希望我能写一份穿搭指南，来帮助像你一样的女性朋友找到自己的风格。在写这份"建议书"时，我也给自己提了很多问题，例如：

我有没有找到自己的风格？我相信有！

我的风格是不是与我刚开始在网上记录"我今天的服装"时的大相径庭？当然！

这是不是说明我当时还没有找到自己的风格？不！我找到了适合当时的自己的服装，即便我现在不再穿它们！

我能否帮助别人找到适合自己的风格？我相信能！

通过这十年在网络上分享自己对个人风格的尝试和探索，我收获了很多乐趣，而且我发现：

风格是你的个性的反映，也就是你想要展现的东西。

你的风格展现的就是你的内心，是通过服装这种形式展现出来的你。

所以，很明显，经过十年的磨砺，我改变了许多。从性格方面来说，我变得更加自信了，我的风格也是如此。没有什么比这个更合乎逻辑了。

我怀着兴奋之情写的这本书就是要陪你找到你当下的风格，来展示当下的你。

找到个人风格不仅能让你向外界展示自己，更重要的是，它能让你认清自己！只凭这一点，就不能说找到个人风格是无用的或肤浅的。

有人问过我这样的问题："我知道要找到自己的风格，可是要去哪里找呢？"

我敢说你在所有方面都已经做得很好了，但是风格既不在你的衣柜里，也不在奢华的精品店中，更不在你喜欢的二手商店里。当然，穿某个瑞典或西班牙的快时尚品牌的服装对找到个人风格也没什么帮助。

说实话，它也不在这本书里。

实际上，你的风格就在它本来且将一直存在的地方：你的内心深处！

但是，要想找到它，只知道它在哪里还不够。我们必须对它进行破译。你必须思考、试验、观察、勇敢尝试、倾听。放心，你已经拥有了找到风格所需要的一切，如果你仍然在寻找自己的风格，只能说明你没有找到正确的方法，而这本"激励之书"就是要帮你找到方法！

我是谁？我要去哪里？我需要的东西在哪个货架上？

我们将试着回答这些问题，尤其是最后一个！

准备好了吗？

波利娜·普里韦兹

准备工作

如何使用这本"激励之书"？

本书的目标是帮助你用一个月的时间找到你的风格。对某些人来说，一个月可能有点儿短；而对某些人来说，一个月可能太长了。

我认为，明确的目标、合理的安排、可量化的计划能帮你找到并保持动力。而且，一个月的时间既不算太长（可以规避失去动力的风险），也不算太短（为了实现"找到个人风格"的终极目标，有很多事情要做）。我们可以很自然地将为期一个月的计划划分成四个阶段，每个阶段为期一周。当然，你完全有自由依照你的方式和风格来做事，走出条条框框，根据自己的节奏和需要调整计划。

例如，你花了多长时间来整理衣柜？一天？一个周末？如果你的衣柜里有多年来积攒下来的衣服，那么这个时间不长；如果你最近什么都没买，而且衣柜里的衣服并不多，那么你花的时间就太长了。

我会在后面推荐一些方法和工具，请仔细阅读接下来几页的内容，以便了解如何更好地将这本"激励之书"中的时间表和小练习融入你忙碌的日常生活中。

吹响号角，划定重点，构思和书写。
这本书正是你要找的，它适合你。

说明

在我的博客上，我大部分时间是在跟女性交流。所以，我写作时也比较侧重于女性。但是，热爱时尚、有自己的穿衣风格绝不是女性的专利！所以，各位男士，如果你碰巧看到了这本书，而且你也想找到自己的风格，那我就要恭喜和鼓励你了！我在书中提出的大部分建议既适用于女性，也适用于男性。因此，请不要将这本书看作对男性的歧视。

我推荐的方法

写书时，我会参考一些作品，但我必须承认，我所参考的大部分作品让我有一些怀疑，其中有一些甚至和我的想法背道而驰。

大部分"风格"类书籍和指南会教读者很多东西，有些甚至还会提出一些警告。但是，在这本书里，我并不会对你说"你应该拥有什么样的风格"，而是建议你找到自己的风格。

"穿得像个巴黎人！""如何穿出斯堪的纳维亚风格（北欧风）？""你是要优雅时髦还是浪漫不羁？""如果你的胸部比较大，那就放弃项链吧！"

不必在乎这些说法。我们不是要给自己贴上标签，也不是要复制别人的风格，而是要找到个性化的风格，来展示我们的个性、品位和故事。

在这本书里，我会给你一些建议，来帮你认清自己，但是我不会告诉你该怎么打扮，因为只有你自己知道该怎么打扮自己。

风格的真理到底是什么？实际上，在这方面，你是唯一一个掌握真理的人。

不要盲目相信从杂志、电视节目或某个"无所不知"的朋友那里得到的信息。你的风格应该能让你每时每刻都自我感觉良好。要想做到这一点，你需要认清自己。

我要帮你找到属于你的风格，而不是别人的风格。我已经找到了一种简单的方法，相信这种方法既适用于初学者，也适用于有经验的时尚达人。

让我们现在就开始吧！

工具

想要找到你的风格和自我，你需要的不是别人的帮助，而是这本书（从始至终）、动力（必要的）、表现你自己的能力以及体现你与服装的关系的能力（这两个是我们要解决的问题）。

为了使我们的计划更有章法，在这本书里我还准备了以下内容：如何辨别让你分心的物品，风格练习，时尚博主的小技巧和窍门，实践情况统计表，能让你避开"选择恐惧症"的"救命稻草"，各种语录……

这本书里没有的内容：

详细建议

如果我写出了做一件事的详细步骤，那么你就会懒得思考，这种情况会像病毒一样扩散开来。

如果是这样的话，我们又怎么能用风格来展示自己，用五分钟搭配出能让自己变得更好的服饰呢？

色彩建议

色彩的问题涉及你的肤色、眼睛的颜色和发色。我非常关心这类问题。"红头发的人不要穿宝石绿的衣服；金色头发的人如果穿淡黄色开衫，就会像是被烧了一样；黑皮肤的人应该穿白色，多利用反差感。"噢，是这样吗？但我们有权寻开心，对吧？这些规定是哪里来的？这是时尚达人的十大戒律吗？

"我的风格是什么"的答案

你失望吗？你不应该失望。我最后强调一次：只有你自己知道这个问题的答案！而且，你必须忘记那些看起来虚假的、充满歧视性的、烦人的规则！

确定你的目标：
为什么要找到自己的风格？

如今，真正的困难是在一个似乎注定一切都将变得同质化、所有人都变得越来越相似的世界中，做你自己。

无处不在的国际大品牌，社交网络引领的"时尚2.0"理念，还有那些铺天盖地的广告……随着这些东西的广泛传播，我们会发现，凭借这些要求、"灵感"和"禁令"来发现"我们真正想要的是什么"是一件很困难的事情。

除了服装，还有自信的问题。有些人会说，当我们觉得自己不漂亮的时候，服装也很难让我们觉得自己是漂亮的。但我认为我们必须从另一个角度来看待这个问题：如果服装是保持自信的工具呢？如果衣服的风格适合自己能让人变得美丽、自我感觉良好呢？如果仅仅打扮得漂亮就足够了呢？

下面是在寻找风格的过程中要实现的三个主要目标，每个目标都很重要：

· 展示自己的独特性并向他人展示最好的自己。

· 屏蔽噪声（广告、网络信息），通过更好的方式消费。

· 穿上心爱的鞋子，自信地做自己。

还有……

无论是跳舞、工作还是学习；都要做最漂亮的那个人，开心一点儿！

美好生活需要自律，
来遇见同频的好朋友吧！

目录

第4周

接受与调整

第1周

反思与定义

本周目标

想要找到一样东西，首先得知道要找的是什么。

在第1周，你需要思考一些问题，确定一些概念，抛弃一些观点，并开始思考风格对你的意义，以及你和服装、购物之间的关系。

风格是我们每个人都已经拥有的东西，我们需要做的，就是找出它。

——黛安·冯·芙丝汀宝（Diane von Furstenberg）

求助：我正处于风格危机之中

如果你买了这本书，说明你可能遇到了本书第6页中描述的一些问题。

如果情况果真如此，你必须在一开始就了解一下自己正在经历的这种"风格危机"。

要知道，每个人都有可能会遇到这种情况，最时髦的人也不例外！

我们都会经历一些无所适从的时刻。世界上最会穿衣服的女人可能有一个造型师团队给她出谋划策，而每天早上你在衣柜前选衣服的身影则显得有些孤单。

通常情况下，这样的"危机"会在我们经历"身份认同危机"的时候发生（如果这些危机是周期性的而不是结构性的）。当你面对职业生涯中的一次不小的变化，中年危机，生孩子、分手或是一段新的罗曼史，体重剧烈增加或减少时，都可能陷入"身份认同危机"，有时这种危机甚至会毫无征兆且看似毫无理由地出现。

无论是哪种情况，这些危机对你来说都是非常有益的！因为这是一个质疑自己、退一步来反思和重新定义自己的好机会。因此，虽然表面上我们只是在谈论衣服，但实际上这些话对你的生活也有益处。

危机就是机遇

我们一定不要害怕"危机"这个词。我乐意使用这个词，不是为了让情况看起来更糟糕或是自嘲，而是因为这个词有双重含义。这是我在上学时学到的，而且这十年来，我一直努力不忘记这个在大学的经济课上学到的唯一一个道理。我把它应用到了一切事情（我的家族生活、工作）上。

"危机"一词由两个字组成，"危"代表危险、危难，"机"代表机遇。这就代表：

危机=危险+机遇

因此，危机实际上是一个临界点，一个具有决定性的时刻，我们应从抓住改变的机遇的角度出发，将其视为可以重新审视自己的关键时刻。此时，你不应该坐等危险过去（要知道，危险从不会自行离开），而是要抓住这个机遇改变自己。

既然你已经买了这本"激励之书"，那么你肯定非常了解这个词的双重含义。

本周小贴士

你发现自己的穿衣风格出了问题，有些事情不对头，所以你买了这本书，想要解决这个问题，成为内心深处想成为的人，并据此来穿衣打扮。加油，你能做到！

自我诊断：风格危机的症状

请勾选符合自身情况的选项。

☐ 当我的衣柜中满是衣服的时候，我反而不知道该穿什么。

☐ 我热爱时尚，但是我不知道自己该穿什么。

☐ 我紧跟着季节潮流穿衣，但是我没有考虑过自己是否想要或需要那些单品。

☐ 我买了很多衣服，我的衣帽间里有很多漂亮的潮流服饰，但是我无法把它们搭配在一起，它们太过于平庸了。

→ 如果你选择了不止一项，说明你缺少穿衣的灵感。

如今，如果你热爱时尚，喜欢购买时尚杂志，关注服装设计师的新闻或是社交网络上的时尚博主，你就会忙得不可开交。而且，因为灵感太多反而会扼杀灵感，所以你很沮丧。

在这种情况下，你需要关注自己，关注自己的欲望，可能还要回顾一下你的消费方式，以便只买自己喜欢的东西，而不是买别人觉得你应该喜欢的东西。

☐ 我的衣服让我感觉不舒服。

☐ 我发现什么东西都不适合我。

☐ 我买了喜欢的衣服，到头来却不敢穿。

☐ 我不知道该怎么打扮，从来都不知道，我没有这方面的天赋。

→ 如果你选择了不止一项，说明你缺乏自信。

在追求时尚方面，你最大的敌人就是自己，尤其是你如何看待别人的眼光。找到自己的风格能帮你获得自信。

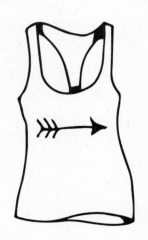

找到你的风格：
对身份的永恒追求？陷入肤浅的深渊？

因为我们在不断改变，我们的个性在不断变化，所以我们的风格也在不断变化。

穿衣是一种自我表达。

时尚往往为社会学家所不齿，他们认为时尚是肤浅和无趣的，只不过是为了刺激消费而设计出的商业把戏。

其实，相比于那些人们认为更高贵、研究更广泛的领域，时尚更能揭示社会和我们自身具有特殊性的一面。时尚不仅仅是把布料变成衣服，它还创造了符号，创造了能够体现身份地位、社会差异、文化与群体归属的物品，它将一匹布变成了一种身份的象征。

时尚参与身份塑造。十几岁时，我们会根据自己的喜好来穿衣打扮，会因为听到的音乐、喜欢的运动和活动而认同一种文化，而且会将这些元素融入着装中。

随着年龄的增长，我们会扮演更多角色，我们的个性也会随之变化，潜意识中希望通过着装来传递的信息也在改变。有时候，我们会忽略着装给我们的处事方式带来的影响，而且穿衣打扮会趋于机械化，比方说在忙于工作或是照顾孩子时。这种时候，我们经常会对自己说："算了吧。"

在你的风格之中，肯定会有一些固定的东西，但是也有一些东西会变化，例如，偏好和错误。有些东西今天你喜欢，但到了明天你可能就不喜欢了；有时候你清楚地知道自己想要什么，但有时候你会感到迷茫，而且着装可能确实存在一些问题。

不管怎么说，有一件事是肯定的，就是对风格的探索并不像看起来那么肤浅，你需要深入研究自己希望通过着装来表达的东西。

老子认为：万物皆有道。还有一句话是这样说的：没有通向幸福的路，幸福本身就是路。风格有一点儿像幸福，它存在于追求它的过程中。

7

我眼中的自己

分别从你已有的衣服、你没有的衣服、衣服的颜色、衣服的图案（条纹、花纹等）或材质（牛仔、丝绸、山羊绒、皮革等）四个角度来回答下面的问题。

把你的答案写下来，以便你能清楚地看到它们并进行回顾，不要只在脑海里回答。

问题：

我穿什么衣服的时候会觉得舒服：

....

我穿什么衣服的时候会觉得自己很漂亮：

如果今天早上我会在街上见到我最大的敌人，我希望自己穿着：

如果今天早上我会在街上见到我的前任恋人，我希望自己穿着：

在会影响到升职加薪的场合或是面试时，我会穿：

....

如果一辈子都要穿相同的衣服，那么这件衣服应该是这样的：

....

在我做的最坏的噩梦里，我穿着：

....

想象一下：

如果我是一条裙子，我是这样的：

....

如果我是一双鞋，我是这样的：

....

如果我是一件首饰，我是这样的：

....

如果我是一个手提包，我是这样的：

....

他人眼中的我

想要找到自己的风格，有些时候你不能在乎别人的看法，而有些时候正好相反，你千万不能忽略别人的看法。在任何情况下，询问身边人的意见都不失为一种好办法，但是怎么处理这些意见就完全由你自己控制了。

请仔细回忆，想想他人对自己穿衣风格的评价或意见，然后回答下列问题。

• 有没有一件衣服总能让你得到别人的赞美？如果有，是哪一件衣服？别人是怎么说的？

• 你觉得他们说得对吗？

• 你能解释一下为什么是这件衣服而不是别的衣服吸引了你周围的人吗？

• 有没有人跟你说过这样的话："有一天我在商店里看到了这件衣服，一下子就想起你来了，这件衣服好像就是为你准备的。"如果有，是哪一件衣服？

• 对于别人的这种说法，你是认同，感到惊讶，还是感到困惑？

• 有没有人跟你说过这样的话："你今天穿的衣服真的不好看。这件衣服跟你一点儿都不搭/不符合你的风格/难看死了。"如果有，是哪一件衣服？

• 对于别人的这种说法，你是认同，感到惊讶、不知所措、生气、伤心，还是不屑一顾？

打一个电话！

给你的好友/妈妈/女儿/爱人/室友（总之是熟悉你的人、爱你的人、希望你变得更好的人，与此同时，他们在这方面要有发言权）打一个电话，对他们进行一次快速采访。他们必须快速地给出简洁的答案，而且你必须把他们的答案都记下来。

• 你会用哪个词来描述我的风格？

• 你觉得这种风格适合我吗？如果适合，适合在哪里？如果不适合，那么哪种风格更适合我？

• 哪套衣服是你想看我穿一次，但是我从来没穿过，而你认为它适合我的？

• 你想烧了我的哪件衣服并且再也不想看到它？

• 我常穿的衣服中哪一件最适合我？

• 你有没有关于我和某件衣服的记忆？你记不记得某件我穿过的让你印象深刻的衣服？

反击错误的想法，辩证思考

"只要花了足够的钱，很容易就能找到适合自己的风格。"

大品牌和奢侈品并不能保证优雅。

一个人可以从头到脚都是名牌，但是也可能会因此背上相当于四个月工资的债务，进而寸步难行。另外，预算有限可以让我们变得更有创造力。

在预算有限的情况下，我们应该先关注质量，再关注数量。便宜的衣服一般坏得快，因此需要经常更新，到最后你花的钱会更多。而且在预算有限的情况下，你选择的是你会经常穿的衣服，而不是那些便宜但不会经常用到的小饰品，因此这些衣服对你的外在形象会产生很大的影响。

"我梦想着能穿上这件衣服，但是这件衣服不适合我的体形。"

可能有一些"时尚圣经"说这种剪裁不适合你的体形，但如果你觉得穿着这条裙子感觉好极了，那你穿着它时就会很靓、很吸引眼球。

当然，虽然不需要盲目遵从那些规则，但是选择能突出自身优势的衣服（无论是身高、胸部还是双腿）的行为总是明智的。肯定有一些衣服和剪裁能让你感到愉悦，看起来比别人更好看，所以有时候要客观地做出选择。

"拥有风格是一件很复杂的事，你总是得站在潮流前沿。"

风格和潮流是两回事！风格更稳定，而潮流具有周期性。潮流是一个时代的反映，它的演变过程就像一首热情洋溢的诗歌……但是，潮流也会让我们觉得，如果想拥有自己的风格，必须不停购物。

不过，想要拥有风格是很困难，但是想要从潮流中剥离开更难（不必勉强自己这样做）。

"不要过头，少就是多！"

如果你的风格是洛可可式的，那么情况正好相反，少就是无聊！我的偶像艾瑞斯·阿普菲尔有一句名言："可可·香奈儿总说要拿掉一样东西，而我总是说再加上一件。"罗伯特·卡沃利有一个公式：过度就是成功。

但是，如果你觉得自己的风格更偏向简约风，穿衣打扮时就不要添加很多东西。

什么是时尚败笔?

"时尚败笔"是"缺乏品位"的另一种说法,但这种说法本身就有问题。

实际上,时尚并没有准则,因此也就不存在败笔一说。这个逻辑很简单:没有规则,何来违规?因此,就算你穿着袜子穿凉鞋,"时尚警察"也不会来抓你!这只不过是个人品位的问题。而且,不管我们穿什么,在某些人眼里,我们都是"时尚败笔"。

实际上,唯一的时尚败笔就是强迫自己穿上你认为缺乏品位的人不会穿的东西。

我的意思是,你或许会穿在所有杂志上都能看到的奢侈品品牌最新推出的运动鞋,但是你可能不喜欢这双鞋,可能你穿上这双鞋只是因为有人告诉你要喜欢这双鞋,因为它能让人觉得你有很好的品位和很棒的个人风格。但是,如果你的风格和穿搭决定了你应该穿一双复古风的高跟鞋,那么这双运动鞋可能就无法发挥作用。因此,对你来说,它就会成为时尚败笔。

总之,时尚败笔的定义非常简单,就是你在外界的影响(如广告、杂志、网络、具有强烈个性的女友)下穿戴上了并不适合你的服饰。

我与"风格"

想一想，然后在下面写下你对风格的定义。

风格对于我来说是：

....

....

....

....

....

....

....

想一想，然后在下面写下你的目标，以及你决定实现这个目标的原因。

我的目标：

....

我想实现这个目标，是因为：

....

....

....

....

....

....

....

....

....

在你的周围，可能有人已经找到了他们的风格。在下面写出三个这样的人，用几个关键词来描述他们的风格，以及为什么他们的风格与其个性和生活方式相符合（或不符合）。

....

....

....

....

....

....

....

....

....

....

....

....

....

....

....

....

....

....

他们的话

不管是时尚偶像、设计师还是模特，他们的意见都是一致的：你就是你，你有你自己的风格。以下是一些时尚达人的名言。

风格是一种让你不用说话就能介绍你自己的东西。

——蕾切尔·佐伊（Rachel Zoe）

时尚就是一种你拥有自由的声明。

——安娜·戴洛·罗素（Anna Dello Russo）

你能买到的是时尚，你拥有的是风格。拥有风格的关键是了解自己是谁，而这需要很多年才能做到。没有什么公式能确保你找到风格。这是一种自我表达的技巧，也是一种态度。

——艾瑞斯·阿普菲尔（Iris Apfel）

什么是风格？风格是一种不费吹灰之力就能做自己的信心，是一种根据自己的心情和想反映的东西来塑造自身的方式。

——黛安·冯·芙丝汀宝（Diane von Furstenberg）

对我来说，衣服就是一种自我表现的形式——你的穿着能提示你是谁。

——马克·雅可布（Marc Jacobs）

你的穿着就是你向世界展示自己的方式，尤其是在当下，人与人之间的交流是那么短暂，而时尚就是一种即时语言。

——缪西娅·普拉达（Miuccia Prada）

储备：风格与元素

啊哈！标签！

你总是忍不住给别人贴标签，尤其是在穿衣风格方面，因为这是我们经常关注的领域。

"这个女孩，我喜欢她的艺术范儿。"

"你，不管怎么说，因为没有曲线，所以假小子的风格应该很适合你，就是那种有点儿中性的风格。"

"你需要一点儿阳刚/阴柔之美。"

"要不是邋里邋遢的，你早就找到工作了！"

"今年流行西部风格，如果你没有牛仔靴，那就惨了！"

"你这个年龄的人，要么选择优雅、大气的风格，要么你就是个可怜的装嫩老女人！忘了你那条波希米亚风的裙子吧。"

…………

大部分情况下，这些话除了给别人贴上标签之外，任何作用都没有。这就是一种概括，一种刻板印象，也可以说是一种陈词滥调。

我在下一页列出了一些不同的穿衣风格和我们常给别人贴上的标签。我的目的并不是让你对号入座，而是因为这些风格提供了一种值得思考的框架，而且充满了混搭的可能性。你可以借鉴不同风格的元素，然后将其搭配在一起，形成一种你独有的风格。

风格练习

尝试形象化每种风格和每个标签对应的服装，让自己沉浸到想象之中。当你穿着自己想象中的衣服时，你想用哪些词来描述自己呢？

艺术范儿

中性风

波希米亚风

时髦

华丽

休闲风

民族风

阴柔/阳刚

哥特风

洛丽塔

嘻哈风

嬉皮士

少女风

可爱风

奢侈

极简风

落伍

大胆

朋克风

美式学院风

摇滚风

运动风

性感

假小子

都市感

古着风

欧美风

现场观察模式：服装会讲故事

我在巴黎参加会议时，闲暇时有一个小小的爱好。我会在街上选一家咖啡馆，咖啡馆的前面要有人行道、繁忙的街角或是地铁口。在咖啡馆里，我不会只顾着看手机，而是会看窗外的人，看人们的穿着打扮。没有什么比大街上的人更能给人带来灵感了。

观察街上的人时，我们一定要小心谨慎。如果有人问你为什么好像在盯着他们看，有一种屡试不爽的回答方法：赞美！你可以这样说："不好意思，女士，我没办法把目光从您那漂亮的绿色外套上挪开，您肯定很喜欢这件外套，让您感到不舒服真是抱歉！"

本周，你的任务是花10分钟，找一个露台或在其他地方，观察来往的人群。当你看到某个让你感兴趣的人时，可以尝试想象一下关于他衣着的故事。现在，是时候展开你的想象力了。你可以让自己进入一种冥想状态。我们的目标并不是像看水晶球一样探索未来，而是通过观察一个人的衣着来阅读他的过去，看到衣着在人们潜意识中的力量。

举例：你看到了一个年轻的学生，她背着一个复古包、一个画板，戴着银色耳环，穿着小花裙子和旧的系带短靴。

她是一名美术生，她的绘画才能是受了祖母的影响，因为她的这个背包就是祖母送的。她喜欢旅行，总是买耳环作为纪念品。你会看到她穿着这双短靴参加各种音乐节和节日庆典。小花裙子呢？那是她在一个旧物拍卖会上以起拍价三倍的价格淘来的，只是因为这种布料让她想起了幼儿园时用的垫子。

这个女孩和她的衣着的故事说明了什么？她并不是很物质，她与衣服的关系是情感性的，她喜欢穿着能勾起她的回忆的具有情感价值的衣服。

如果你在街上观察我，我希望你会觉得我是个特别活跃的女人，热爱服饰，喜欢玩乐，爱穿印花的衣服，喜欢观察生活，永远都不愿意牺牲舒适度。我希望你能把我的穿着打扮理解为我给这个过于灰暗的世界带来的一点儿幽默、幻想和光明。这就是我或多或少有意识地想用我的服饰传递的东西，就是这样！

风格练习

你今天穿戴的服饰讲了一个怎样的故事？

....

....

....

这是否符合你希望给别人留下的印象？

....

....

....

你想通过服饰讲述什么故事？

....

....

....

根据你衣柜中的服饰，想一下：

• 哪一件衣服能够体现你的职业素养（富有创造力、充满激情、追求尽善尽美、谨慎）？

• 哪一件衣服能够代表你的个性（亲切、幽默、精致、狂野、古怪、贪吃）？

第2周

整理与分析

本周目标

本周，你既要关注你衣柜里的东西，也要关注你脑袋里想的东西。这是我们在执行这个计划的过程中必须做的很关键的事。

我们必须对衣柜里的东西进行分类和整理，但不能机械地分类和整理，因为这样做没有太大的用处。我们应该努力将这个关键的阶段变成一个分析和思考的过程。是的，再一次。

这次分类和整理的目的是：通过使衣柜变得"健康"，来获得思想上的健康！你必须思考自己在做什么，并系统地对所有东西进行分类，从而了解自己，了解自己与着装的关系。

其实这就是内省。这次，就从整理衣柜开始吧！

通过观察你的衣柜，我就能说出你是什么样的人！

在进行分类和整理前，你不得不问自己一些问题，这些问题能帮助你更加自信和坚定地迈入这一阶段。

在寻找个人风格的过程中，整理的目的是帮你摆脱没用的、让你感到困扰的东西，也就是你在这个过程中发现的一切与自己的风格不相符的东西。

从零出发，更容易重新开始。这种整理并不是要你把所有东西都扔掉，而是要打下一个健康的基础。

如果想更了解自己，整理衣柜是必不可少的步骤。除了衣柜，你还要整理你的想法。所以，让我们先从大扫除开始吧！

留下最好的，忘掉剩下的！

——卡尔·拉格斐（Karl Lagerfeld）

整理衣柜的方法

该出手时就出手。

让我们开始整理衣柜吧!

我的建议是：在整理之前，不要先把所有东西都摆在地上或床上。这种做法是有好处，不仅速度快，而且一旦开始做，就必须完成。但是，这种方式也可能会让人沮丧。

另外我觉得，你的衣柜变得整齐（或混乱）、有序（或无序）的过程本身就能体现出你与衣柜里的每一件衣服的关系。

在衣柜的底部，肯定有一些被你遗忘且从来没穿过的衣服，而你喜欢的毛衣和T恤肯定都放在上面。

如果把所有的东西都一股脑儿地堆在一起，你就会错过一些有用的信息!

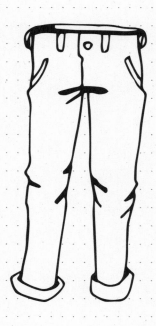

这里我推荐一种整理方法：

1）花几小时/几天（时间的长短取决于你需要多长时间来进行全面的整理）整理出一处存储空间。

2）将衣服分为五类：让你爱不释手的衣服，冲动购买的衣服，被遗忘的衣服，没用的衣服，让你犹豫不决的衣服。

• 让你爱不释手的衣服：你经常穿的最喜欢的衣服。

• 冲动购买的衣服：一时冲动购买的衣服，它们的利用率为零，也没有任何磨损，因为实际上，你从来没有穿过这些衣服。

• 被遗忘的衣服：被你遗忘的、你想要的、你本应该多穿的衣服。

• 没用的衣服：占据着空间但是你想不起来、不再想要或者需要的衣服，你不会再穿的衣服，尺寸不对的衣服。你应该处理掉（出售、赠予他人或丢弃）这些衣服。

• 让你犹豫不决的衣服：你没法立刻决定如何处理的衣服。

3）读一读本周的内容，深入思考一下本阶段结束后，该如何穿衣服以及如何重新打造你的衣柜。

深呼吸，动手吧！有疑惑时，镜子就是你最好的朋友。如果你不知道应该把某件衣服归到哪一类，那就穿上试试！

准备好了吗？开始整理吧！

冲动购买的衣服

哪些衣服属于这一类?

答案是:买错的衣服和风格不适合你的衣服,也就是任何一件让你觉得"我那时为什么要买"或惊呼"我以前居然穿过"的衣服。

要毫不留情地将还没撕掉标签的衣服、让你怀疑"这到底是什么"的衣服、别人作为礼物送的你从没穿过的衣服放到这一堆里。

我们能学到什么?

在整理这些衣服的过程中,我们可以问自己以下几个问题:

——我当时为什么要买这件衣服?

——我就是想买;我知道买了之后不会穿,但是我觉得这件衣服很漂亮;这件衣服当时正在打折;等等。

——我过去为什么没怎么穿过(或根本没穿过)这件衣服?我为什么不会再穿这件衣服了?

——我不喜欢;它太显眼了;我害怕把它弄坏了;它不符合我的风格;等等。

接下来该怎么做?

把这些衣服挑出来,这样就够了吗?

更重要的是意识到自己没有必要买这些衣服,并看看这些衣服的数量,想想自己为此花了多少钱,对不对?

没用的衣服

接下来开始处理没用的衣服吧，这是处理起来最简单的！

如果你像我一样，非常爱买衣服且执行的是"先买后想"的傻瓜式准则；如果你最近几年从网上买了很多衣服，且衣柜里的一半空间都被太大或太小的衣服占据；如果你总是抵挡不了潮流的诱惑，又总是会很快厌倦这些潮流服装，那么这一堆衣服极有可能是数量最多的一堆。

你发现我的话让你深有体会？没错，就在开始写这本书之前，我刚刚整理了攒了十年的衣服，其中包括我开始写博客时买的几箱衣服、在纽约的两年间攒的衣服、在瑞士怀孕时攒的衣服以及最近刚买的一些衣服。这里面不仅有我平常会穿的衣服，还有冲动消费以及为写博客而买的衣服。我平均每周会将两到三种不同穿搭的照片发到网上，这使我一周的日程排得满满的，还有一位闺密在协助我。我们两个加起来估计有超过1000件衣服，其中没用的大概有850件，大部分衣服最多只穿过一次。

哪些衣服属于这一类？

• 所有你从来没穿过或不会再穿的衣服。没穿过或不再穿的原因可能是衣服太大或太小，剪裁你不喜欢，刮花了，让你有不好的回忆，过时了，等等。

• 所有让你没有任何感觉的衣服。这些衣服既不漂亮也不难看，唯一的作用好像就是让你的衣柜更混乱。

• 所有不符合你风格的衣服。你可能会对我说："不，实际上，我读这本书的目的就是要准确地找到我的风格，所以，你有点儿本末倒置了！"这句话对，也不对。

让我来解释一下：即便你还没有找到自己的风格（这本书还有50多页，要有耐心），也能通过判断出哪件衣服不适合自己来获得灵感。

一般情况下，从否定的角度来界定自己更加容易，因为我们更容易说出一个人不是哪种人。

例如：你有一条有彩色亮片的裙子，如果你觉得它属于这一类，而且它的标签还没撕掉，那么恭喜你，你离找到自己的风格又近了一步，因为你在潜意识中觉得这件衣服对你来说太夸张了。即使你没有这样说过，你在心里也已经认定这并不是你的风格。

再看看那件让你看起来呆头呆脑的衬衫吧，那是老板因为你完成了"秘密任务"而送你的礼物。你知道这件衣服不适合你，因为你认为它属于"没用的衣服"。

你看，你可能还没找到自己的风格，但是通过整理，你有了进步！你已经有了很好的直觉！

我们能学到什么？

我们可以通过淘汰这堆衣服来进行推理，还可以做一些笔记。列出"我的风格不是……"的清单可能会对你接下来的行动有帮助。

接下来该怎么做？

我们可以将这堆没用的衣服分为以下三类：要送出去的衣服、要扔掉的衣服和要卖掉的衣服。

• 我们要送出哪些衣服？

我并不是让你把应该扔掉的衣服送出去，而是让你把不想留下的衣服送出去。

也就是说，我们不能把那些因为损坏或脏了而无法穿的衣服送出去。如果衣服坏到不能穿了，就要直接扔掉。

赠予的概念并不是摆脱，而是馈赠。我们送的不仅仅是衣服，还有安慰、尊严和希望。对于一无所有的人来说，你的捐赠能给他们一些帮助。

本周小贴士：利用整理衣柜的机会来做好事！

我的朋友艾米莉给了我们一些提示，说明了哪些衣物是适合捐赠的。

"一定要记住，很多机构只接收完好的衣物，要求衣物没有磨损、小洞、污渍等。这些机构会将收到的衣物转交给那些一无所有的人，完好的衣物可以保全他们的尊严。

"在冬天，各种接受捐赠的机构都需要一些保暖的外套、毛衣、帽子、围巾、手套和裤子。如果你有完好的连裤袜和袜子，他们会很愿意接受，因为这类物品很少有人捐赠。

"在夏天，这些机构也需要遮阳帽等各类帽子，甚至是太阳镜。

"我们总是很难意识到，背包和旅行包都是非常有用的物品，而且这些机构常年需要这类物品。"

• 我们要扔掉哪些衣服？扔在哪儿？

我们必须循环利用那些不再穿的衣物。

借这个机会来了解一下纺织废弃物如何？

大部分情况下，纺织废弃物（穿过的衣服、碎布等）都是可以重复利用或回收的。不幸的是，这些东西经常与家庭垃圾一起被扔掉。在鼓励保护生态环境和减少垃圾的大背景下，鼓励回收和利用纺织废弃物是非常重要的，这也是一种正确的市民态度和有益的社会行动。Le Relais（一家法国慈善机构）是废弃物收集和分类领域的领导者，该组织通过回收废弃物创造了很多工作岗位。

实际上，很多被我们扔掉的衣服仍然可以利用，例如：在旧货店出售；被分解成可循环利用的材料，这些材料可用于隔热、编制地毯、填充扶手椅；等等。这种做法还可以持续创造工作岗位，减少服装消费对地球造成的负面影响。

• 我们要卖掉哪些衣服？

应该卖掉而不是扔掉的衣服包括那些新的、完全可以穿的衣服以及价格贵到我们不想扔掉或送人的衣服。通过处理这些衣服，我们可以积攒自己的"小金库"，这个小金库对我们接下来的购物很有帮助。我们也可以用这笔钱开启梦想之旅或实施因为资金困难而拖延的计划。

我们可以通过在线交易、线下寄卖、组织或参与售卖活动的方式来实现变现。其中，在线交易的优点是不仅可以售卖自己的东西，还可以在交易平台上发现很多好东西，交到朋友，缺点是可能会遇到诈骗的情况；线下寄卖的优点是省时省力，不用回答潜在买家的问题，不用负责发货，不用支付验证费用，缺点是需要向寄卖店支付佣金。如果你真的有很多衣服要卖，可以干脆自己组织一次售卖活动，和闺密们联合起来。但是要小心，虽然时尚方面没有限制，但是销售个人物品是有相关规定的，要提前了解相关的规定并遵守规定。

让你爱不释手的衣服

哪些衣服属于这一类？

你一眼就能认出来那些你喜欢的衣服和让你感觉良好的衣服，比如：你喜欢的牛仔裤，因为它能勾勒出你漂亮的臀部曲线，还有你穿了几季的夏季小短裙，不同颜色的靴子，等等。

我们能学到什么？

我们要努力找出这些衣服的共同之处，还要留心哪个共同之处是最常见的，比如：这些衣服的材质、颜色、图案、品牌是否一致？还要多关注一下自己的主观感受，例如：你喜欢这些衣服的剪裁吗？这些衣服能不能带给你自信？这些衣服穿起来是不是比其他衣服更舒服？

接下来该怎么做？

自然是将这些衣服放到空衣柜里，我们还要继续穿它们呢！

对了，为何不尝试一下改造这些衣服，并且用不同的方式进行搭配呢？

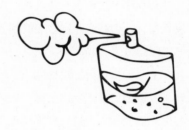

被遗忘的衣服

哪些衣服属于这一类？

这类衣服包括忘了穿的衣服、虽然没怎么穿但是你就是莫名地喜欢的衣服、很久之前买的衣服等。这些衣服本来应该归属于"没用的衣服"或"冲动购买的衣服"，但是你太爱这些衣服了，不舍得扔掉它们。

我们能学到什么？

整理这类衣服时，我们会问自己很多问题，例如：为什么忘了穿它们？是因为它们太古怪了吗？实际上，没有什么衣服是古怪的。好吧，在特定情况下可能会有一点儿，比如在遇到紧急情况的时候，穿着带亮片的机车夹克去超市抢购……即便如此，又有什么理由一定不能这么穿呢？

接下来该怎么做？

我们可以把这些衣服留下来，偶尔穿上试试，或者干脆放在衣柜里，只是为了打开衣柜时看到它们就高兴。

让你犹豫不决的衣服

哪些衣服属于这一类？

这类衣服包括不知道该归为哪一类的衣服、让你感到困惑的衣服以及一眼看过去就知道不属于其他四个类别的衣服。

接下来该怎么做？

你可以先把这些衣服放在一边。最后，当你已经花了很长时间来思考，也了解了这些衣服的特征，而且几乎已经整理了衣柜中所有的衣服时，对于这些不知道该如何处理的衣服，你可以再挑拣一次，把它们一件件拿起来，然后判断它们究竟属于哪一类。

困惑一

你是不是一个有强迫症且容易惊慌失措的人？这里有一些小提示和策略可以帮助你整理衣柜。

按季节整理

如果你的衣柜较小，按季节来整理是一种理想的方法。建议你将衣服分为冬装、夏装、春秋装三类。冬装包括外套和毛衣等；夏装包括短裤、亚麻连衣裙、凉鞋等；春秋装包括皮夹克、印花连衣裙、靴子、球鞋和草帽等，主要适合在春季和秋季穿，但是根据天气变化，你也可以在夏季或冬季穿，这类衣服属于全年都可以穿的衣服。

按服装类别整理

你也可以按照衣服的类别来整理，比如分为裤子、毛衣、衬衫等几类。如果你的衣服比较百搭，这样整理就会很方便。我就是这样整理我儿子的衣服的。一般来说，我会一次性为他买齐一个季节的衣服，按衣服的类别分类存放，这样早晨我就能在两秒半内拿出裤子、T恤和外套，甚至闭着眼睛也能做到。

将衣服整理成套

如果你喜欢套装，比方说，你穿夹克衫时总是搭配固定的运动裤，穿衬衫时总是搭配固定的西裤，喜欢根据颜色搭配服装，那么你可以按照这种方式来整理。

按穿着场景整理

你可以将衣服分为上班时穿的衣服、周末出门时穿的衣服、为特殊场合准备的衣服等几类。如果你有很多不一样的帽子，或者你从事的工作需要你经常出差，可以尝试一下这种方法。

困惑二

我就知道会这样：好不容易将衣柜整理好了，两个月以后衣柜又满了！

面对这种情况，最有效的解决方法不是再整理一次，而是一开始就不要再次将衣柜塞满。下面我介绍两种方法，帮你避免每个季节结束时都要重新整理一次衣柜的情况发生。

方法一：将衣架反挂

如果你害怕衣柜因为自己失控的购物欲而很快被填满，下面这种方法应该能够帮到你，那就是把衣服挂进衣柜时，先让挂钩都朝里，之后每次从衣柜里拿出一件夹克衫或衬衫来穿时，将挂钩朝外放回去。一段时间过去后（一个季度或一年），将挂钩仍然朝里的衣架拿出来，把这些"没用"的衣服处理掉，看看是要送人、卖掉还是扔掉。

方法二：买一件，扔一件

这种方法很简单，就是当你买了一件新的夹克衫后，就要从衣柜里拿出来一件，处理这件衣服的方式跟上一个方法中处理"没用"的衣服的方式相同。

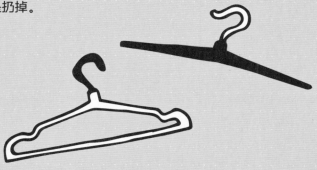

第 3 周

探索与灵感

本周目标

　　我们随时随地都会受到诱惑和影响，而且有些时候我们自己都意识不到自己被影响了。

　　广告无处不在，电视、报刊、网络、商店橱窗，甚至是你的邮箱……有些时候，我们很难完全屏蔽掉这些广告和宣传，以至于我们的内心会有这样的声音："他们"知道我真正的喜好。

　　如果你发现自己购买某一样东西是因为经常看到它，而不是真正想买它，那你可要好好看看这一章的内容了。

　　本周的目标是重新学习如何寻找灵感，这可以帮你提升品位，知道什么是漂亮的、有趣的、令人兴奋的。寻找灵感的方式是留心你接触到的东西。

你能从任何事物上找到灵感，如果不能，说明你没有用正确的方式观察！

——保罗·史密斯（Paul Smith）

第一步：创造一个"情绪板"

什么是情绪板？

平常我们可能很少用到这个词。顾名思义，情绪板就是一个能展示情绪的板，可以让你用拼贴的方式将美学情绪表达出来。它是平面设计师和客户进行交流时不可或缺的工具，可以确保双方在项目的推进方向、视觉效果等方面达成共识。

其实，很多时候像我们这样的普通人也可以创建一个情绪板，例如，在准备婚礼或准备装修房子的时候。

简单地说，情绪板是一种辅助工具，你可以利用它将你的想法和能带给你灵感的事物汇集起来，以便开展某个特定的项目。

因此，本周你的目标是创建一个或多个情绪板，来收集服装方面的信息，激发自己的灵感，了解到底是什么定义了你的穿衣风格。

建立情绪板时，你完全可以在上面添加自己想添加的任何东西。是的，没错，任何东西！

无论你选择用哪种方式（在纸上记录、制作画册等传统方法或利用社交网站等"2.0时代"的方法）来创建情绪板，首要任务都是收集能够激发你灵感的东西，例如照片、图画、不同材质的布料、文字等。你可以花几天的时间来收集素材并获得灵感。

如果你希望自己有选择性地收集素材，以避免过犹不及，可以多关注一些更具有启发性的东西，忽略那些难以给你深刻印象的东西和你一点儿都不喜欢的东西，还可以忽略重复的东西，记下相似的东西中最有震撼力的那个。

如何获得灵感?

利用网络

在互联网时代，很多社交网站和手机应用都会采用瀑布流的形式展示图片。你只需要点几下鼠标，就能从网上找到各种图片，浏览专业人士提供的图片库，找到看起来跟你有同样品位的人和在网络上非常活跃的人。

使用这些工具时，你可以在搜索栏中输入想到的关键词，例如连衣裙的类型、你喜欢的颜色、某个场景等。不要犹豫，你可以检索任何关键词，让意外发现带给你灵感!

得到搜索结果后，你可以收藏你喜欢的图片，丰富你的收藏夹，方便你在有空的时候和需要的时候回顾。刚开始可以尽量多收集图片，然后进行整理和精简。你也可以将喜欢的内容截屏然后保存。

传统方法

在这个收集灵感的阶段，如果你想暂时远离电子设备也没问题，因为早在互联网和智能手机出现之前就有情绪板了!

你可以从杂志、旧书上剪下你想保存下来的内容，用胶带把它们贴在纸上或放入相册中。如果你会画画，当然也可以给能带给你启发的物品画一幅素描!

你不是一个人在努力，姐妹们会给你打气!

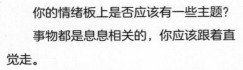

情绪板上应该有哪些主题？

你的情绪板上是否应该有一些主题？

事物都是息息相关的，你应该跟着直觉走。

当收集的信息能够给你所需的灵感后，你有两个选择：一是把所有信息汇总到一起，二是把信息分类，划分成一个个独立的类别。

如果你想将信息分类，下面有一些思路供你参考。

按季节

可以分为四类，例如：这些是适合冬天的材质；这些色调适合秋天；这些充满夏天和阳光的味道；这些是春天万物复苏的自然景象。

按场景

适合周末、适合节假日、适合庆典、适合鸡尾酒会、适合商业活动……

按物品种类

图案类、材质类、给我启发的女孩类、发型和化妆品类、素描和照片类等。

其他想法

....

....

....

....

....

....

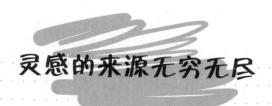

灵感的来源无穷无尽

灵感无处不在。

　　夕阳西下时橙黄色的天空，垃圾桶上的涂鸦，丝巾上的图案，一段乐曲，能让你想起老师的香水，黑白电影，你无法忘记的失眠之夜，你在社交网站上关注的人，你喜欢的个性，你奶奶在20世纪50年代制作的衣服上的图案和她满是皱纹的双手，你最喜欢的品牌的宣传手册……

时尚达人寻找灵感的"救生包"

有些人可能得多花一点儿时间，才能把一切都看作潜在的灵感来源，意识到美存在于一切事物中。我们可以在哪里找到灵感呢？

清单：鼓舞人心的灵感！

· 我们可以用时尚杂志来武装自己，哪怕是旧杂志。不要不好意思翻看床底下的杂志，即便它们的出版时间在2000年以前。不要太关注里面的内容和建议，尤其是当杂志过时了的时候，只浏览图片就可以。关注那些使你感到好奇、感动的图片，然后把这些图片剪下来保存好。

· 可以多关注时尚偶像和名人，以及那些引领了某些时尚潮流的女性（见下一页）。

· 不要忘了关注时尚博主和网络红人，但是要找出值得你关注的人（因为你觉得他们友好、有趣、漂亮）和真正能给你灵感的人。

· 最后，不要忘了关注美术、摄影、电影、音乐、旅行、历史等领域。

总之，让眼睛习惯于寻找一切事物的美、令人意外的情感、有意义（只是你可能暂时没有意识到它的意义）的东西，并学着用心观察一切。

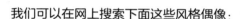

盘点：风格偶像

我们可以在网上搜索下面这些风格偶像：

夏洛特·甘斯布（Charlotte Gainsbourg）

艾瑞斯·阿普菲尔（Iris Apfel）

安娜·戴洛·罗素（Anna Dello Russo）

可可·香奈儿（Coco Chanel）

简·柏金（Jane Birkin）

碧姬·芭铎（Brigitte Bardot）

奥黛丽·赫本（Audrey Hepburn）

布丽吉特·马克龙（Brigitte Macron）

凯特·米德尔顿（Kate Middleton）

梅根·马克尔（Meghan Markle）

杰奎琳·肯尼迪（Jackie Kennedy）

卡琳·洛菲德（Carine Roitfeld）

凯特·摩丝（Kate Moss）

米歇尔·奥巴马（Michelle Obama）

夏洛特·兰普林（Charlotte Rampling）

玛琳·黛德丽（Marlene Dietrich）

崔姬（Twiggy）

佐伊·丹斯切尔（Zooey Deschanel）

露易丝·布鲁克斯（Louise Brooks）

玛丽莲·梦露（Marilyn Monroe）

苏菲·芬塔内尔（Sophie Fontanel）

索菲亚·科波拉（Sofia Coppola）

凯瑟琳·德纳芙（Catherine Deneuve）

麦当娜（Madonna）

当然，我不是要你复制她们的风格，穿她们穿的衣服，而是要你从她们身上获得灵感，并思考是什么使自己对这种个性或风格敏感。你也可以想象这些人是自己的好朋友，在感到困惑的时候这样思考："我还在犹豫是穿舞鞋还是运动鞋来配这条条纹裤子。碧姬·芭铎会怎么搭配呢？"

我们也可以从这些角色身上获得灵感：

《绯闻女孩》里的布莱尔·沃尔多夫（Blair Waldorf）和塞瑞娜·范·德·伍德森（Serena Van der Woodsen），《欲望都市》里的凯莉·布拉德肖（Carrie Bradshaw），《老友记》里的瑞秋·格林（Rachel Green），《广告狂人》里的佩吉·奥尔森（Peggy Olson）、贝蒂·德雷柏（Betty Draper）和琼·哈里斯（Joan Harris），《纸牌屋》里的克莱尔·安德伍德（Claire Underwood），《杰茜驾到》里的杰茜（Jessica）……

盘点：
花纹、图案

花呢格纹

威尔士亲王格

棋盘格花纹

方格

豹纹

波点

条纹

印花

几何图案

扎染

迷彩

抽象图案

把这些元素运用到穿搭中的技巧：

• 从小图案和有限的颜色开始。如果你不擅长将不同的图案搭配起来，应避免将对比色和大型图案搭配在一起。

• 从连衣裙开始尝试，这样你就不必思考如何将上衣和裤子、裙子搭配起来。

• 将图案的颜色作为主色调，其他衣服和配饰的色彩要与之相配。

盘点：材质

"在所有的材质中，她选择纯棉……"
你呢？

皮革	太空棉	牛仔布
丝绸	羊毛	亚麻
棉	羊绒	涤纶
粘胶纤维	羊驼毛	人造丝
天鹅绒	安哥拉山羊毛	尼龙
塔夫绸	马海毛	
蕾丝	法兰绒	
牛巴革	粗花呢	
绉布	莱赛尔纤维（天丝）	
莱卡	网眼布	
金银丝	巴里纱	
皮草	帆布	

本周小贴士

衣服就是你的第二层皮肤，因此要重视衣服的材质，选择你喜欢的那些，不要强迫自己穿让你不舒服的布料做的衣服。

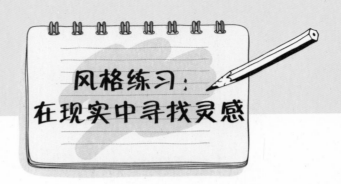

风格练习：
在现实中寻找灵感

你有没有在情绪板上记录下有用的素材，以便启发自己，获得灵感呢？

测试：

在你的情绪板中找到至少一套适合下列场景的，能够给你启发而且你愿意穿的服装（不一定是从头到脚的）。

社交活动

想一想你未来几个月的安排，例如参加婚礼、某个朋友的展览的开幕式等。如果没有这样的安排，可以设置一个场景，例如去一家口碑很好的餐馆，参加闺密之夜等。

重要的工作场合

想象一下这些场景：你要去见一个潜在客户，他对你事业的发展至关重要；你要向上司做年度汇报；你要进行答辩……

度假

参观画廊

如果在情绪板中找不到合适的素材，你可以到喜欢的博主那里找，或是找一些你比较喜欢的时尚偶像的照片。

至少要考虑一下服装的剪裁、质地、图案、颜色……

观察自己的情绪板，思考以下问题：

→ 是否大多数素材与你已经拥有的服饰有关？

→ 客观地讲，其中有几种可以进入你的衣柜且能展现你的风格？

测试：

从情绪板中选择三张可以体现出你的风格的穿搭图片，然后按如下步骤操作。这个测试的重点不是完全复制，而是找到灵感。

1）在上周整理好的衣柜中找到同款服饰或是它们的替代品，要有创意。

2）列出你没找到替代品的服饰。

3）去除你不想要或不需要的服饰。

4）写下你想要而又没有替代品的服饰，你可以考虑在下一次购物时购买。

情绪板：我喜欢的

看看你的情绪板，把相应的素材粘贴到下面的方框中，或用笔填写。

哪些人的风格给了我灵感：

我最喜欢的主题：   我最喜欢的颜色：

在我的购物清单上，我添加了：

给了我灵感的图案：

情绪板教会了我什么？

你这周学到了什么？

1）通过这一周的学习，你是否更了解自己了？请勾选符合自身情况的选项。

☐ 我比我想象得更传统。

☐ 我不像我想象得那么传统。

☐ 我重视舒适度。

☐ 我更注重美观。

☐ 我的衣柜里有我需要的所有东西。

☐ 我意识到衣柜里并没有我最喜欢的东西。

2）你把哪些内容添加到你的情绪板中了？在下面进行汇总。

第4周

接受与调整

本周目标

经过前三周的努力和练习，相信你已经做好了迈出最后一步的准备。最后，你必须接纳、调整和确定你的风格。这个过程肯定要持续一周，不要惊慌，这是正常的！

应该怎么买衣服？我喜欢的绝妙风格与社会道德价值观念相符吗？如何在不超支的情况下塞满衣柜？为什么要构建自己的理想衣柜、找到自己的标志，并拥有能够与自己的个性完美匹配的风格？应该如何做呢？

我们开始吧。

做你自己，其他角色
都已经有人出演了。

——奥斯卡·王尔德（Oscar Wilde）

购物和模拟购物

经过前三周的反思、整理和找灵感之后，我觉得，你已经基本做好了重返商店的准备，而且不会再犯以前的错误。

我可以想象得到，你现在已经迫不及待地想去购物了。你是不是急着买东西来填满整理后的衣柜？或许你还想花掉第二周通过卖东西攒的钱。我们应该买什么？我们应该避免什么？我们想要什么？我们需要什么？我们能不能把拥有个人风格和保持社会责任感结合起来？

在整理情绪板时我们已经进行了思考，而且已经养成了不冲动购物的习惯。是时候检验一下成果了！

快速的风格练习

1）想象一下你独自到国外出差时，行李箱没有及时抵达目的地，而你急需三套衣服：一套符合你工作性质和出差目的的职业装；一套参加晚会时穿的衣服，晚会邀请卡上写的着装要求是"更好的你"；一套返程前在当地游玩时穿的便装。

现在，根据这些要求，发挥你的想象力吧！

2）去一家有多个品牌的时装店，找到三套符合上述要求的衣服。最好在实体店里试一下，但如果实在没有时间的话，也可以逛网店。

3）不要买，记录下你的练习结果就可以。

你可以判断一下自己是否完成了这个挑战！如果答案是肯定的，而且这些衣服让你感到满意，说明你找到了自己的风格，本章的内容将帮你进一步确认。如果答案是否定的，说明你可能选错了商店，或者你可能需要更多的时间来倾听内心的声音。继续阅读后面的内容，说不定这些内容能让你茅塞顿开，因为我们会进一步深化我们的研究。

风格与预算

只有中了彩票才能拥有自己的风格的想法是错误的！

当然，如果你有经济实力在公寓里单独用一个房间来放你的Jimmy Choo（周仰杰）和香奈儿手包，那就别犹豫了！

但是，即使你用于购物的资金有限，也不要觉得找到风格是一件遥不可及的事情。不要过早地下决心去买便宜货。需要强调的是，一定要用最合理的方式分配你的预算，无论你的预算是多少。

快消服饰的优势和劣势

快消服饰的主要优势当然是价格。

大部分时尚达人希望在预算有限的情况下展示最前沿的风格。

没错，Zara（西班牙服装品牌）、H&M（瑞典服装品牌）、Mango（西班牙服装品牌）、Forever 21（美国服装品牌）等快时尚品牌总是有一些非常漂亮的单品，我们很难完全将其拒之门外。

但是，一定要果断地跟这些品牌划清界限。这些品牌总是能够用最巧妙的方式让我们迅速时髦起来，并买上一大堆我们既不想要也不需要，而且用不了多长时间就得跟随他们的脚步更换的单品。

因为我现在是一个母亲，没有时间去实体店购物（现在我经常利用晚上的时间在网上购物，而且很多实体店都关门了），在购买快消服饰方面的支出已经大幅减少。当然，也有一些例外情况，但是这种情况很少。而且，我对这类服饰的兴趣越来越小，因为我知道购买这些产品会对地球产生怎样的影响。

个人的低成本与地球的高代价

如果不深入了解，可能很难意识到纺织业的环境成本、人力成本有多么高昂。纺织业是世界上的第二大污染产业，仅次于石油业，造成的污染包括农药污染、水污染、加工和染色产生的化学污染、原材料和成品运输产生的空气污染、白色污染……

以下是一些能让你认识到问题严重性的恐怖数据：

- 全球使用的农药中，有1/4用于棉花种植。

- 根据绿色和平组织的数据，制作一件纯棉T恤衫需要2700升水（相当于一个人三年的饮水量）；生产一条牛仔裤至少需要3480升水，一个人可以用这些水洗近150次淋浴，而全世界每年能售出20亿条牛仔裤。

- 该行业的道德沦丧以及员工艰苦的工作环境让人不得不联想到奴隶制。如果你还是不太明白，那么看看 *The True Cost*（《真实的代价》）吧，这是一部关于该主题的非常具有警示作用的纪录片。

- 根据法国环境与能源管理署(ADEME)的估计，一件衣服从棉花田到你的衣柜大概要"走"65000千米，这个距离相当于地球周长（赤道）的1.5倍。交通运输繁忙也是温室气体排放量增多的原因之一，这给气候带来了不利影响。

- 另外，人们购买衣服后，会将其放入洗衣机内清洗，洗后才会穿。洗衣服除了消耗水和能源外，还会排掉洗涤剂和塑料微粒（与合成纤维有关，往往没有经过处理和过滤），这些有害物质可能会随废水排入河流，最终可能混入我们的饮食中。

- 如果你使用烘干机（我不建议你用，因为它可能会使衣物损坏），能耗还会增加。

在前文我们已经谈论过该如何处理不要的衣物，以及将衣物与普通生活垃圾分开处理的重要性（参见第27页），在此不再赘述。

降低消费对地球的影响，提高消费道德

那么，我们能做什么呢？不穿衣服吗？

当然不能……

很抱歉，这一篇文章的内容不仅不会让人感到愉快，还会让人焦虑，但是我既不想说教（这个场合不适合说教），也不想忏悔。对我们来说，重要且紧迫的一点是要用更好的方式来应对这些问题；要意识到服装方面的过度消费会增加温室气体的排放量、水和土壤中的污染物的数量，以及能源和饮用水的消耗量。

作为消费者，我们是有力量的。每个人都必须履行自己的职责，尽自己的一份力，而且如果我们都能这样做，就能解决问题。

如果没有人再为快消服装买单，那么快消服装的生产就会停止。

如果每个人在消费方面都能更理性、更有社会责任感，并能选择贴有"国际公平贸易认证标章"的服装，那么各大品牌将不得不对自己的生产模式和流程进行审查和改良，以便获得认证。

我的经济学教授（对，就是那位给我们讲述危机的含义的教授）曾经对我们说："我们投票的时候，起更大作用的是我们放到购物车里的东西，而不是我们手中的选票。"从字面上理解，意思就是履行作为公民的义务去投票固然重要，但是我们的消费行为对投票结果的影响更大。

并不是因为我们热爱时尚和穿衣打扮，就要像无头苍蝇一样乱买！

另外，理性、有社会责任感的消费观与找到个人风格不仅不是水火不容，事实上恰恰相反，它们是相辅相成的！

让我们限制对快消服装的消费，

优先考虑质量而不是数量，

我们要买得少、买得好！

买便宜东西 ≠ 好买卖

如果你对环境问题不敏感，或者你不相信个人行为会造成整体环境的改变，那么常识也足以让你远离快消服装。

我爸爸常对我说："我买不起便宜的东西。"他的话并不一定都对，但这句话没错。我必须承认，在买东西方面，他总是与我不谋而合。

买便宜东西并不等于做了一笔好买卖

我们总是倾向于买便宜的低端货，认为这样能省钱，买衣服时更是如此。结果就是，最终我们花的钱跟一开始就买质量好、价格高的东西花的钱一样多。

一件5欧元的T恤穿了半天之后，只洗了一次就变形了；一件不到100欧元的所谓的羊绒衫，穿几个小时可能就起球（在容易磨损的地方，如腋下、与背包带接触的位置）。如果我们最终还是购买了价格更高的T恤和质量更好的羊绒衫，那么那些便宜的衣服除了一开始能让我们省下几块钱之外毫无用处，而且最后会变成垃圾，造成浪费。

但是，要小心，贵的东西质量也不一定好！

购买有些品牌的服装时，我们不仅在为服装买单，还在为品牌的名声、广告和股东收益买单，结果服装的质量比价格只是其1/10的产品好不到哪里去。

在这里我强调的是，要买能穿很长时间的衣服，而不要买"一次性"的衣服。

为了减少过度消费对地球环境的破坏，可以尝试这样做：

买二手衣服

你不一定要喜欢复古和怀旧风或是只逛旧货店，但是买二手衣服确实是负责任地消费和买到更实惠的东西的好办法。对于我们这些时尚博主来说更是如此，因为我们都容易过度消费和攒很多衣服，但是我们的公寓没办法扩大，一年中我们在博客上展示买到的东西的时间也不会比365天更长。而且，我们常常会为了拍照或参加某个活动而买衣服，这些衣服我们可能只会穿几个小时……还记得我说过我整理了这十年来积攒的衣服吗？我打算尽快准备一个大衣柜，然后给那些我不能保留的"小可爱"找一个好归宿。

关注天然有机材料

我们可以关注一下来自有机农场的天然纤维，例如，有机棉和带有"国际公平贸易认证标章"的棉花。衣服的吊牌上有很多种认证标签，常见的有以下几种：通过全球有机纺织品标准（GOTS）认证的标签、OEKO-TEX STANDARD 100标签（纺织品生态标签）、国际公平贸易认证标章。

有机棉是在农业生产中不允许使用化学制品，从种子到农产品全天然、无污染的棉花，在生产纺制过程中也要求无污染，具有绿色、环保的特性。亚麻也是一种较为环保的天然纤维，生长周期短，只需要很少的水、化肥和农药即可生长，对环境的负面影响也较小。

对打着"负责任"旗号的厂家进行一次现场走访

如今，市面上的服装品牌越来越多。我们要时刻小心，对那些号称产品无污染、常做慈善的品牌保持警惕，因为他们所谓的社会责任感可能只是营销的手段。有机会的话，我们可以去这些品牌的工厂进行现场走访。

用更合理的方式洗衣服

更换洗衣机时，我们要留意能耗级别，看看哪种型号的洗衣机更省电、省水。如果你是一个大家庭的女主人，就要选一个容量大的洗衣机，免得一堆衣服要分好几次洗。如果你独居，就没必要选容量大的洗衣机了，避免浪费水电。

一般情况下，最好用温度较低的水洗涤衣物，用90℃的水洗衣服时的耗电量差不多是用40℃的水的两倍还多，而且低温也有助于保护脆弱的纤维。

你是不是忘了烘干机？在耗电量方面，烘干机可以说是最厉害的家电了。如果你真的不能没有烘干机，那么可以尝试下面的方法：将一条干毛巾和湿衣服一起放到烘干机中，干毛巾可以吸收水分，这样烘干的时长可以缩短几分钟。

区分这几个概念：想要和需要，时尚和风格

为了更合理地消费，可以重新思考一下这些词的含义。注意，有两种购物观供我们选择，一种是买"想要"的，另一种是买"需要"的。另外，还有一个问题也值得思考，那就是我们是因为有风格而时尚，还是因为时尚而有风格？

每次着装成本（CPW）

CPW即每次着装成本。你想过你为自己每天的着装花了多少钱吗？

CPW的计算方式是衣服的价格除以穿着的次数。

举一个例子。一件快消品牌的T恤的价格是5欧元，你会穿两到三次。好吧，乐观地说，最多五次。然后，衣服可能就会变形、掉色，最后就会变成擦鞋布或者干脆被回收利用（不要把它当成垃圾扔掉）。最终，这件T恤的CPW大于等于1欧元。

如果你购买了一件高质量的法国产有机棉T恤，它的价格是50欧元，我会觉得你的选择非常正确，并没有浪费钱，因为你每年至少会穿10次，而且未来五年都会穿它。因此，这件T恤的CPW小于等于1欧元。

从上面的例子中我们可以发现，通过计算CPW，我们可以知道一件衣服的价格/质量比。

再举一个例子。假设你经常参加派对，每周都会跟闺密去俱乐部聚会。每周聚会日的前一天，你都会利用午休时间跟闺密一起去买一些新衣服来穿。这是一种无意识的行为，更像是一种令人愉悦的仪式，可以让你提前感受聚会的快乐。但是无论如何，事实就是，这些衣服你基本上只会穿一次。

上个月，你花了14.99欧元买了一件有亮片的上衣，花了8欧元买了一副耳环，花了25欧元买了一双白色的高跟鞋（那次聚会的主题是"白色"，因此你没有别的选择）。然后，这双鞋给你的脚造成了严重的伤害，你又多花了16欧元买凝胶，但是这使得接下来的几天你都可以穿靴子。

还有一次，一个泡沫主题的聚会毁了你价值140欧元的新踝靴。现在这双鞋还在，因为它代表了你的一笔投入，你舍不得扔掉它，虽然它看起来像是被煮过一样。

这些服饰的CPW都很容易计算，因为你都只穿过一次，因此CPW等于这些服饰的价格。亮片上衣的CPW是14.99欧元，耳环是8欧元，白色高跟鞋是25+16欧元，至于被意外毁掉的踝靴，它的CPW是140欧元。

总之，本来你可以用200欧元买一条有机棉的牛仔裤，它不仅可以突显你的臀部曲线，还能提升你的自信。另外，上班时你也可以穿它，参加泡沫主题的聚会时穿它也很安全。那么这条200欧元的牛仔裤的CPW是多少呢？假设你隔一天穿一次，穿两年，那么它的CPW大约是50欧分。

参加聚会时弄脏鞋子，不小心把咖啡洒到米黄色外套上……这些都是意料之外的事情，而且可能会发生在你买的法国产手工缝制的衣服上。虽然不公平，但这种情况的确会发生。

你为了参与白色主题之夜购买的饰品和鞋呢？实际上，你并不"想要"那些东西，你只是假装"需要"它们。如果你的生活中存在这种情况，你很容易就能明白我在说什么。

从上面这个例子中我们可以发现，评估一件衣服的CPW会让你将购物看作投资，并考虑这件衣服的用途和使用频率。这种方法也会让你重新思考衣服价格的高低，并意识到如果我们确定一件衣服可以穿很久的话，那么花这笔钱就是一种明智（而不仅仅是合理）的行为。

我们是不是要跟流行
趋势说再见呢?

流行趋势到底是什么?

用法国社会学家季尧姆·艾尔纳的话来说,流行趋势就是"愿望的集中化",它可以让不同的个体拥有相同的习惯和品位。

这个概念不仅仅适用于服装领域。其实,很多领域都有流行趋势,例如食品领域(如前几年流行的杏仁饼干和纸杯蛋糕)、家居装饰领域等。

在服装领域,我们必须根据生产商的创意、社会氛围以及由时尚引领的反过来又在影响时尚的流行趋势,来区分不断变化的时尚。其实这些都是行家用来让我们买更多产品的营销手段。

我们可以追随流行趋势,并将其融入我们的风格中,因为风格本身就是我们个性的体现。

我们只有在自己愿意的情况下才能跟潮流说再见。但无论如何,我们应该谨慎对待自己对潮流服饰的需求,而且应该利用计算CPW来说服自己抵抗诱惑。

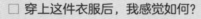

在试衣间里问自己的问题

☐ 穿上这件衣服后，我感觉如何？

☐ 这件衣服能不能让我高兴，能不能美化我的衣柜？

☐ 这件衣服能不能与我现有的衣服搭配起来？

☐ 我能用这件衣服搭配出几套衣服？

☐ 这件衣服的质量好不好？检查一下接缝、表面、纽扣、内衬。

☐ 这件衣服的标签上有什么信息？

☐ 我会不会很快就不喜欢这件衣服了？

☐ 我是不是在追随潮流？这件衣服多长时间会过时？

☐ 这件衣服是否与我已经有的衣服款式重复了？

☐ 我是不是真的想要或需要这件衣服？

☐ 这件衣服的CPW是多少？

☐ 我购买这件衣服，会对环境和社会造成什么样的影响？

如果你很难在商店中找到需要的商品：

1）进入一家你从来没去过的商店，找一件配饰或一件衣服，来搭配你当天穿的衣服，标准是它会让你觉得"这就是我的风格"。当然，不一定要买下它，找到就好。如果它的CPW很低就更好了。

如果你属于从来都不会空手而归的人：

1）进入一家你喜欢的商店，或是一家橱窗很吸引你，让你觉得这里的衣服很适合自己的商店。

2）在货架之间走一走，每次试衣服时，都找到至少一个不要这件衣服的理由，例如：

• 这种风格的衣服我已经拥有了。

• 这件衣服不会为我的风格锦上添花。

• 这件衣服太时髦了，我很快就会厌倦它，而且它两个月之后就会过时。

• 我经常被这种颜色吸引，但是生活中从来都不会穿，那它还有什么优点呢？

• 这件衣服的CPW太可怕了，算了吧！

重新打造你的衣柜

无论是出于保护环境、社会责任感还是预算方面的考虑，在保持愉悦心情和新鲜感的同时限制服装消费的一个好办法是发挥创造力。

你可以裁剪旧衣服，把不用的衣服缝制在一起，并用饰品进行装饰！（配饰的力量见下页）

如果你爱好DIY，就自己动手吧！

把旧的牛仔裤改成短裤，用刺绣遮住衬衫上的小洞，在裤子的右腿上加一块补丁，给白色的T恤染色……你不穿这条裙子是因为它的长度过时了吗？那就把它裁短！如果真的不会做手工，就找会做的朋友帮忙，或是直接找个裁缝。

这样做的目的就是改造你不喜欢的东西，并通过发挥创造力来获得快乐。变"新"的不仅仅是衣服本身，还包括穿衣服的方式。

想象一下，你和自己的一些衣服就像情侣一样。随着时间的推移，你们越来越了解彼此。想要避免厌倦，保持新鲜感，有些时候就要跳出固有的相处模式，给自己惊喜。

配饰的力量

配饰的名声可真不好！人们往往觉得它们除了有装饰作用之外一无是处。但说实话，风格往往是由配饰塑造的，配饰能为你的着装增添一种梦幻和奢侈的感觉，还能让你拥有自己的标签。

我对配饰很是着迷，而且经常会把大量的钱花在买配饰上。我觉得，我们应该把配饰称为"要件"，这样贴切得多，因为它能让我们更容易找到自己的风格。想象一下这个场景：你看到了一件自己梦寐以求的配饰，决定下个月一定要买，虽然你已经吃了10天的方便面，正等着发工资，但你就是忍不住要买这件东西。

丝巾

我们可以把丝巾系在头发上、脖子上、腰上和包包上……

腰带

腰带的尺寸非常重要。它可以非常小巧、精致，也可以像男人的腰带一样粗犷。腰带的款式有很多，我们可以选择彩色的腰带、绳子编成的腰带、有珠宝装饰的腰带、皮质的腰带、有品牌logo（徽标）的腰带等。

我的风格：扎紧腰带

几年前，我在生日的时候买了一条古驰的腰带，花了很多钱。它很贵，但是并没有贵得离谱。当时，我还有几个月就要生孩子了，胖了很多，自我感觉非常不好。这条腰带正是我想要的，而且我潜意识里也觉得自己需要它。它使我有动力重新塑造身材。

生完孩子没多久，为了穿高腰牛仔裤，我又开始系腰带了。后来，随着时间的推移，我不得不在腰带上靠里的地方钻新的孔，这成了我减掉孕期脂肪的象征。直到今天，我仍然在用这条腰带，几乎穿什么衣服都会系！这也是我的体重保持稳定的一个指标，而且它会在我体重上升时提醒我。

总之，我觉得它物超所值。

帽子

如果你一年四季都戴帽子，帽子很快就会成为你的个人标志。巴拿马帽、贝雷帽、宽边帽、渔夫帽、软呢帽……帽子的样式有很多，会让你爱不释手。

眼镜

如果你戴眼镜，这就是你展示自己风格的好机会，因为眼镜能起到画龙点睛的作用，使你的穿搭更有个性。如果你的视力很好，可以戴墨镜。我喜欢收集墨镜，因为我喜欢墨镜的华丽和给人带来的气场。墨镜的样式越夸张，我越喜欢。

首饰

佩戴首饰能够使人看起来更有品位，它的作用就像一道菜中的盐一样。无论是高级首饰还是只起到装饰作用的首饰，都能强化你的个人风格。

紧身袜

紧身袜能给你带来一种淡淡的梦幻色彩。我非常喜欢光滑的金银丝袜子（我特别喜欢用它们搭配运动鞋），还喜欢穿带波点的连裤袜（从穿第一条开始，我就已经无法自拔了）。

手提包和鞋子

要不要把鞋和包列入配饰的行列中呢？我现在还在犹豫。我倾向于"不"，因为如果说有两种配饰不算是配饰的话，就只能是鞋子和手提包了（考虑到其主要用途）。我们可以没有珠宝和围巾，但是我们出门都得穿鞋，都要把随身物品放到手提包里。这两样东西是必不可少的！

手提包

我对手提包非常着迷，而且我有足够充分的理由喜欢和收藏手提包。例如：

• 我们买的包必然很适合我们，能使我们看起来更好。因为你无须去试衣间，只需要拿着手提包站在镜子前就能判断出它是否适合自己。而且就算变胖了，你喜欢的手提包依然适合你。

• 手提包不像衣服和鞋子那样不耐用。

• 同一个手提包就算连着用90天，人们也不会觉得你不爱干净，或者觉得你总是打扮得一样。

• 手提包很实用（从理论上讲，手提包是"工具"）。

• 一个好的手提包永远不会过时。

找到合适的鞋子

我非常喜欢鞋子。买鞋上瘾的人通常很难被满足，因为鞋子是服饰中为数不多的可以被划分为耐用品的东西。

不管你是更看重样式还是更看重舒适性，喜欢高跟鞋还是平底鞋，想要高档鞋还是平价鞋，价格都不是买鞋时最难满足的部分，最难的部分是找到合脚的鞋子，因为衣服肥了可以用腰带，但是鞋子必须合脚。而且出于经济性和库存方面的考虑，很多品牌都不提供半码鞋，所以购买时更要留心。

我的提示：

我不会也不想从网上买鞋，因为如果不合脚还要退回去，非常麻烦。保险起见，我倾向于购买特定品牌的鞋，因为我已经知道这些品牌的鞋到底适不适合我的脚。

我还发现了一些规律。我的鞋码是38码半，如果要买较窄的鞋子或高跟鞋，我就会选择39码的（否则鞋子就会挤脚。为了美丽而遭罪？算了吧，我早过了那个年龄了），如果买运动鞋，就选择38码的（如果买39码的，鞋子就会有点儿大）。

盘点：基本款

基本款是指那种能穿很多年，既舒服又实用，还能展示我们个人风格的衣服。这些衣服可能并不是衣柜里使用率最高、最让我们惊艳的衣服，但若没有它们，我们可能就会完全迷失方向！

有些人倾向于只穿基本款，也有一些人会选择其中的一部分，并将它们与个人风格相结合。

在所有的基本款中，哪些是你觉得必不可少的呢？你已经拥有了哪一些？你想投资哪一些？你认为下面这些服饰中哪一些不属于基本款？试着勾选出来。另外，你觉得还有哪些服饰属于基本款？试着补充一下。

☐ 黑色小礼服　　　　　　　☐ 牛仔外套

☐ 长裤套装　　　　　　　　☐ 毛衣

☐ 风衣　　　　　　　　　　☐ 帆布鞋

☐ 白衬衫　　　　　　　　　☐ 芭蕾舞鞋

☐ 西装外套　　　　　　　　☐ 运动鞋

☐ 水手服　　　　　　　　　☐ 靴子

☐ 牛仔裤　　　　　　　　　☐ 高跟鞋

☐ 皮夹克

先搭配出一套基本款，再配上不同的单品和配饰，使它分别适合以下四种情景（尽量用已有的服饰来搭配）：

- 工作场合；
- 去餐馆或参加聚会；
- 周末；
- 逛街。

举个例子，如果你的基本款是白衬衫和原色紧身牛仔裤，你可以这样搭配：

- 上班时，搭配黑色夹克，根据季节选择穿靴子还是平底单鞋，再在大手提包上系上一条漂亮的丝巾，并戴上耳环。
- 聚会时，松开白衬衫的几个扣子，打扮得性感一点儿，并穿上彩色的高跟鞋。
- 周末时，如果天气不好，可以搭配胶底运动鞋和粉红色毛衫；如果去沙滩，可以穿着泳衣，把衬衫系在腰部，并穿拖鞋或胶底运动鞋，然后戴上草帽和夸张的墨镜。
- 逛街时，只要自己开心，怎么穿都可以。

我完全能想象出自己打扮成上述造型的样子，而且这些样子对我来说都很有吸引力。我的目标是每时每刻都能享受穿衣的乐趣！

我的风格：穿一双高跟鞋！

有一天，我没穿平常上班时会穿的简约风的鞋子，也没有穿参加重要的会议时会穿的鞋子，而是穿了一双前一天刚买的高跟鞋。

这不符合我的一贯做法。在工作场合，我有些羞于展现自己对衣服和鞋子的热爱。我以前从来没有在上班时穿过这样的高跟鞋，好像这样打扮会让我的博客变得不再私密，而且让同事和上司了解到我的这种"肤浅"的爱好，会让我感觉很不舒服。所以，我以前在工作的时候尽量穿最基础的款式，尝试忘掉自己个性中的这一部分，因为我不想由于工作以外的其他事情被人关注，也不愿意别人对我的装束评头论足。

与此同时，在博客上，我每天都沉迷于亮片、令人眼花缭乱的鞋子和印花，借此来忘掉工作时的挫折感，就像是要平衡年轻、有活力的女性对毫无品位的衣服的厌倦感一样。

但是，那一天我穿上了10厘米高的亮红色绒面高跟鞋，我要在同事大部分是50岁的男性的环境中捍卫我的项目。我并不知道自己为什么要这样做。在进入会议室之前，我非常犹豫，对自己说："你太傻了，他们会看你的鞋子，说你没事做，说这不是时装秀，甚至没有人会听你讲话。"但是，当我穿着高跟鞋走进去的时候，我感觉自己更强大了，而且更有自信了。我变得更像我自己。

会议进行得非常顺利。

后来我明白了，由于我用虚假、压抑的公务员作风掩饰真实的自己，试图在工作时间成为另一个人，因此我失去了自信。而穿上高跟鞋之后，我变得更挺拔了，头也抬得更高了，所以看起来更加自信。

那天，这双红色高跟鞋让我更好地理解了服饰的"超能力"。毕竟，所有的超级英雄都有他们的"战袍"。神奇女侠如果没有了那身性感的盔甲和红色的靴子，就只是戴安娜公主；赛琳娜·凯尔之所以能变成猫女，是因为她穿上了连体紧身衣并戴上了猫耳朵。

胶囊衣柜是前一段时间在网上非常流行的词，其核心理念是用更少的单品创造出更多的造型，打造出更好的效果，在保留和表达个人风格的同时停止过度消费，方法是处理掉多余的衣服并对衣柜里的衣服进行优化。YouTube（视频分享平台）上有很多采纳了胶囊衣柜理念的买家上传的视频，他们分享了自己的经验，以及将这个理念应用到生活中后，生活发生的巨大变化。

对我们来说，没必要把这个理念应用到极致，也不用被看似严格的规定（每个衣柜中最多放37件衣服；遵守"5件规则"，即每一类衣服最多5件，如5件衬衫、5件毛衫；每3个月收拾一次衣柜）吓坏，我们只要记住自己感兴趣的和能给自己启发的规则就可以了，例如：

• 要质量，不要数量。

• 在不牺牲对时尚和漂亮衣物的热爱的前提下忽略流行趋势。

• 投资"多功能"服饰，也就是说，投资那些功能多、容易改制，而且好搭配的衣服。

风格练习：
打造
"胶囊衣柜"

我们所有人都已经或多或少有意识地打造过迷你胶囊衣柜，那就是行李箱！

收拾行李箱往往使我们非常头疼。实际上，胶囊衣柜的理念在收拾行李箱时会变成一种本能。而且，收拾行李箱能让我们意识到打造胶囊衣柜的准则，因为航空公司对行李的重量有限制，出租车后备厢的空间是一定的，我们有时需要拖着行李赶去换乘……总之，种种客观条件使我们不得不控制行李箱的大小和重量。

你可能会把一双靴子装到度假时带的行李箱里，因为它既适合白天，也适合夜晚，而且穿起来很舒服。这个过程其实就是打造胶囊衣柜的过程。

你下一次打包的机会在哪里？

....

在这里写下你想放到行李箱这个"胶囊衣柜"中的物品。仔细想一下，以便每一件衣服都能最大限度地和其他衣物相搭配。另外，还要考虑天气情况和特殊情况。

....

....

....

....

....

....

....

找到你的风格：发型！

　　我们千万不要小看发型的力量！

　　我不是在诱惑你，但是同样的衣服穿在短发女士身上和长发女士身上，效果是截然不同的。

　　找到适合自己的发型并不是一件容易的事情，我们可能要经历很多次失败。

　　首先要明白，找到合适的发型的第一步是要将我们想要的效果和实际情况匹配起来。

　　生活中，很多自来卷的女孩想把头发拉直，而很多直发的女孩则梦想着有一头卷发。但是，与其盲目地换发型，不如发现自己的头发的优势，并加以利用。

　　你觉得头发太直了？那么，你可以告诉自己，至少不用害怕一点儿雨水就会破坏你梳了两个小时的发型！

　　你觉得头发太硬，难以定型？那么，你可以告诉自己，别人都很嫉妒你呢！因为你既可以驾驭长发，也可以驾驭短发。如果你想让头发听话一点儿，可以把头发扎起来。

　　你觉得头发原本的颜色太沉闷了，总想把头发染成红色或金黄色？那还等什么呢？

　　你想剪头发却还是留着一头长发？别害怕，行动起来吧！

我的风格：刘海儿

前段时间，在连续十多年保留刘海儿之后，我决定把刘海儿留长。

大约花了一年半的时间，我的刘海儿才完全长长。这需要一定的勇气，因为在这个过程中刘海儿看起来非常丑，就像一块黑色的窗帘一样。但是，我坚持下来了，因为我觉得它一定会长长的。刘海儿长长后，我决定去找美发师，无论美发师怎么处理都好，只要让发型看起来自然就可以。

那时我在德国。虽然已经在那里住了几个月，但是我的德语还是不太好。美发师只剪了几下，我就从理发店出来了，感到非常失望，因为美发师破坏了我留了很久的头发，现在我的刘海儿像假的一样，发型看起来比以前更丑了。我只能安慰自己，好在我可以再留几个月，等刘海儿长长，融合到其余的头发中。虽然美发师的几个动作就让我这么长时间的等待白费了，不得不重来，但是我觉得自己离最终的目标只差一点点。

为了让自己高兴起来，我将一张照片——一张有刘海儿的头像——发到了社交网站上，来展示这次"事故"。

结果，我收到了一百多条评论，有的给我发竖起大拇指的表情，有的则夸赞我，说"我们找到你了""漂亮""你终于回来了""刘海儿才是你的标志""这才是真正的你"。

从这些评论中能清楚地看到，在别人眼中，我的发型风格就是有刘海儿。

结论

想要改变是好的，但是有时候不需要抛弃那些已经拥有的东西。而且如果有人告诉你有些东西不适合你，肯定是有原因的……

养成爱美
的习惯

你选择的化妆品和你的发型一样，也会影响你的外表。

你想把妆容的重点放在眼睛上还是嘴巴上？还是两者兼顾？都可以！

你是喜欢裸妆还是喜欢复杂、精致的妆容？两者都可以！重要的是，要知道自己喜欢什么，适合什么。

当然，每天晚上必须卸妆！

关心自己！这是前提！

找到你的签名

你的风格的"签名"（也就是你风格的标志）是固定的，是一种必要的元素，能锦上添花，让你与众不同。

特别的眼镜、精心勾勒的红唇、有趣的运动鞋、偏爱的颜色、发型，还有你喜欢的小配饰……这些都可以成为你的标志。你可以一直强调这些细节，因为它们可以让你变得自信。

你可以从零开始打造你的标志，但是这样做的效果一定不如接受已经自然而然地融入了你的日常装扮中的标志，而且影响力必定会随着时间的推移而降低。

你可能需要很多年的时间才能发现自己的标志，也可能需要你爱的人来提醒你。

我问过我的亲人："你说，在风格方面，我的标志是什么？"

不用感到奇怪，差不多每个人都会说以下两点：刘海儿和涂得鲜红的嘴唇。他们还说，虽然它们有些奇异，但是放在我身上非常棒。

一开始，我还不知道该怎么面对这种评价。后来，我劝自己：这可能就是我的风格。

衣服只有在被穿着、接受和热爱的时候才有意义。穿衣服是为了开心和爱。我们穿上衣服，然后让衣服把这些东西回馈给我们。

时尚稍纵即逝，唯有风格永存。

——伊夫·圣·罗兰（Yves Saint-Laurent）

风格正在等待你，它在你的内心深处，
诉说着你的故事并与你一同成长。
希望你能够通过阅读这本书，找到自己的风格！

笔记

致谢

　　写这本书对我来说是个巨大的挑战，让自己的名字出现在书的封面上也是我儿时的梦想。写这本书期间，我就像是打了一支肾上腺素一样兴奋不已，即使这件事并不容易，因为在十年的时间里，我从没有停止更新博客来专注于写作。还有一个困难是，我必须对这个"秘密项目"保密，即使我已经迫不及待地想将这本书展示给大家。

　　感谢我的读者，如果没有你们，我的梦想就不会实现。感谢你们在网上关注了我近十年的时间，感谢你们让我成为最好的自己——努力给你们带来惊喜，做一些让你们快乐的事情，改变你们的想法。感谢你们，这些都是你们的功劳。

　　感谢我的两位挚爱——我的儿子和丈夫，感谢你们在我写作的这段时间里给我的支持。我爱你们胜过一切！

　　感谢我的"幸运星"，大约六年前你离开了我们，直到现在我依然十分想念你。写作和摄影是我们旅行时都爱做的两件事。即使你离开了，你仍然在给我灵感。

　　感谢我的家人，尤其是我的父母和姐姐，是你们让我成为现在的我，即便有些时候我很抗拒（这种情况不常发生）。谢谢你们爱我，我也爱你们。

　　感谢我最好的朋友塞西尔和凯威，感谢你们能够坚持做自己，感谢你们让我拥有了宝贵的友谊。

　　感谢我的好友兼同事艾米丽和佐伊，感谢你们的支持、鼓励以及宝贵的建议。

感谢另外一位艾米丽，是你在两年的时间里一直在背后默默地支持和鼓励我。

感谢玛丽·莎拉，我的私人助理和"保护神"，你是一位如此有个性的人！

感谢所有关注我的博客的朋友，是你们给了我灵感，让我对自己的工作感到无比骄傲。

感谢所有不喜欢我、仇视我的人，无论是过去的还是现在的，是网上的还是现实中的，我将你们的怨念转化成了前进的动力。

感谢弗洛伦和阿歇特将我带到了这个令人着迷的项目中，让我实现了自己的梦想。

最后，感谢所有为本书的出版做出了贡献的人！

亲爱的读者，如果你有问题想和我讨论，可以通过社交网站找我。很高兴我们可以交流，也很高兴你阅读了本书！

波利娜·普里韦兹

有共鸣吗？
来跟姐妹们一起聊聊吧！